Animales en los EXTREMOS

escrito por Kathy Kinsner
adaptado por Francisco J. Hernández

TABLA DE CONTENIDO

Introducción

El corredor más rápido. El volador campeón de distancias largas. ¿Te sorprendería saber que ninguna de estas "súper estrellas" es humana? Es cierto, los humanos somos listos y rápidos. Pero no podemos compararnos con animales que corren más rápido y vuelan por si solos.

Estás a punto de conocer a varios de estos animales asombrosos. Pero recuerda, es difícil mantener un registro de los logros animales. Después de todo, la mayoría de los animales no está bajo la vigilancia constante de los humanos. Lo que sabemos se basa en pruebas que podemos observar y en nuestra mejor teoría de lo que sucede cuando no estamos mirando. Tal vez existen animales más grandes, más pequeños, más rápidos o más lentos que aún no se han descubierto.

Vistazo rápido a los animales

Invertebrados

gusanos

caracoles

insectos

arañas

El mundo animal está formado por millones de **especies** animales. Una especie es un grupo de organismos que pueden aparearse y tener crías, las cuales también pueden tener crías. Las especies varían muchísimo en tamaño, forma, apariencia y comportamiento. Para poner algo de orden en este grupo variado, los científicos clasifican a los animales. Los colocan en categorías que se basan en sus semejanzas y sus diferencias.

Las dos categorías principales son los **invertebrados** y los **vertebrados.** Un invertebrado no tiene columna vertebral. Cerca del 95 por ciento de los animales del mundo no tiene columna vertebral. Los invertebrados incluyen a los gusanos, los caracoles, los insectos y las arañas.

Vertebrados

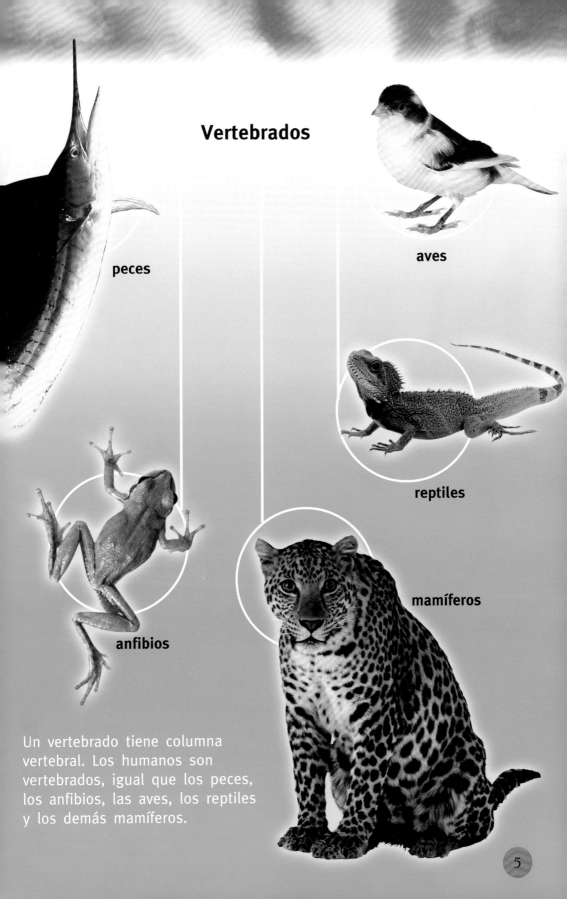

peces

aves

reptiles

anfibios

mamíferos

Un vertebrado tiene columna vertebral. Los humanos son vertebrados, igual que los peces, los anfibios, las aves, los reptiles y los demás mamíferos.

Peces prodigiosos

Los peces son vertebrados acuáticos. Existen más de 22,000 especies conocidas de peces que viven en océanos, lagos, estanques, arroyos y ríos. Casi todos los peces respiran por medio de branquias en lugar de pulmones. Obtienen el oxígeno del agua y no del aire.

Los peces tienen otras características en común. Sus cuerpos suelen estar cubiertos de escamas. La mayoría es de sangre fría: su temperatura corporal es más o menos la misma que la temperatura del agua en la que viven. Muchos tienen aletas que les ayudan a nadar.

El más grande: El tiburón ballena

El tiburón ballena es el pez más grande de todos. Puede llegar a medir 60 pies de largo y pesar 15 toneladas. ¡Un tiburón ballena adulto es tan grande como un autobús escolar!

El tiburón ballena es un gigante dócil y no un cazador temible.

El tiburón ballena nada cerca de la superficie del océano a una velocidad de entre dos y cuatro millas por hora. Eso es más o menos la velocidad de una persona caminando. El tiburón ballena toma enormes tragos de agua que contiene peces pequeños y diminutas criaturas marinas.

El más pequeño:
El gobio enano

El pez de agua dulce más pequeño que se conoce es el gobio enano. Mide cerca de media pulgada de largo cuando es adulto. Una especie de agua salada del gobio podría ser más pequeña aún.

1-2 ¡RESUÉLVELO!

1 ¿Cuántas libras pesa un tiburón ballena de 15 toneladas?

2 ¿Cuántas veces es más largo un tiburón ballena que un gobio enano? PISTA: Primero calcula cuántos gobios caben en una pulgada. Después determina cuántos caben en un pie. Luego calcula cuántos caben en la longitud de un tiburón ballena.

El gobio enano deposita sus huevos en los ríos. Una vez que las diminutas **larvas** del pez, que son la siguiente etapa en el desarrollo, salen de los huevos, la corriente del río las arrastra al mar. En el océano, las larvas cambian a su forma adulta. Es entonces cuando comienzan su largo viaje de regreso río arriba, donde pasarán su vida adulta. ¡Es un largo viaje para un pez de media pulgada!

El gobio enano es el pez más pequeño que se conoce.

7

El más rápido: El pez vela

El pez vela es el pez más rápido del océano. Puede recorrer distancias cortas a más de 60 millas por hora. Eso es un poco menos que la velocidad del animal más rápido en tierra. El pez vela vive en cálidas aguas tropicales.

El pez vela se llama así por su aleta dorsal, o superior, que parece una vela. Puede plegar esta aleta dentro de una hendidura en su lomo. Esto hace que su forma sea más aerodinámica cuando se desplaza a velocidad máxima. El pez vela usa su largo pico para pinchar otros peces.

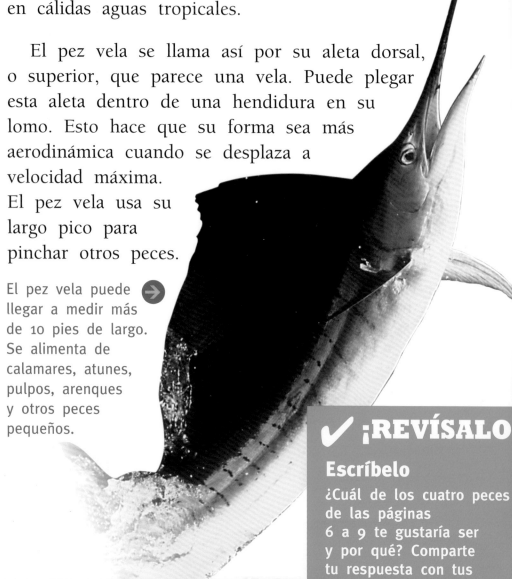

El pez vela puede llegar a medir más de 10 pies de largo. Se alimenta de calamares, atunes, pulpos, arenques y otros peces pequeños.

✔ ¡REVÍSALO

Escríbelo

¿Cuál de los cuatro peces de las páginas 6 a 9 te gustaría ser y por qué? Comparte tu respuesta con tus compañeros.

El más lento:
El caballito de mar

El caballito de mar es el pez más lento que se conoce. Nada de manera vertical usando su pequeña aleta dorsal para impulsarse por el agua. Tiene unas aletas diminutas cerca de la cabeza que usa para la dirección y la estabilidad.

Los caballitos de mar definitivamente no nadan grandes distancias. Sin embargo, pueden desplazarse en arranques cortos de hasta una milla por hora.

El caballito de mar está bien adaptado a su ambiente. Enrolla su cola alrededor de una alga marina y allí se queda, usando su largo hocico para succionar comida del agua. Se alimenta de crustáceos pequeños llamados artemias salinas cuando pasan por donde está.

Los caballitos de mar cambian de color para esconderse de sus enemigos. De esta manera se mezclan con el ambiente.

un caballito de mar

3 ¡RESUÉLVELO!

Si un pez vela y un caballito de mar viajan a toda velocidad, ¿cuánta más distancia recorrerá el pez vela que el caballito de mar en una hora?

Anfibios asombrosos

rana

La palabra "anfibio" significa "dos vidas". Ésta es una buena descripción de la forma en que viven y se desarrollan estos animales. Cuando son jóvenes, la mayoría de los anfibios vive en el agua y respira por medio de branquias. Al convertirse en adultos, la mayoría desarrolla pulmones y puede vivir en tierra firme.

Todos los anfibios tienen piel húmeda. Aunque algunos son capaces de sobrevivir en el desierto, la mayor parte vive cerca del agua o en lugares en los que el aire es húmedo. Las ranas, los sapos, las salamandras y los tritones son anfibios.

Las ranas, los sapos, las salamandras y los tritones todos tienen cuatro patas. Sólo las salamandras y los tritones tienen cola.

salamandra

El más grande:
La salamandra gigante de China

La salamandra gigante de China puede llegar a medir cerca de cinco pies de largo y pesar 60 libras. Vive en arroyos en China. Se alimenta de animales acuáticos como ranas, cangrejos, peces, camarones, serpientes, insectos, ratas y tortugas.

4 **¡RESUÉLVELO!**

¿Cuántas veces más larga es una salamandra gigante de China que una *Eleutherodactylus iberia*?

El más pequeño:
La Eleutherodactylus iberia

La *Eleutherodactylus iberia* es el anfibio más pequeño que se haya encontrado hasta ahora. Esta rana mide de largo menos de $^4/_{10}$ de pulgada. Puede estar sentada en una moneda de cinco centavos y aún hay mucho espacio de sobra. Es tan pequeña que sólo puede poner un huevo a la vez.

La *Eleutherodactylus iberia* fue descubierta en Cuba.

 Se están tomando medidas para evitar la extinción de la salamandra gigante de China.

El más venenoso: La rana flecha venenosa

La rana flecha venenosa dorada es el anfibio más venenoso. Vive en el bosque húmedo tropical de Colombia en Sudamérica. Los expertos creen que el veneno que se encuentra en la piel de una de estas ranas podría matar entre 8 y 20 personas.

El veneno en la piel de una rana tal vez la protege de enfermedades. El veneno evita que se desarrollen hongos, bacterias y otros gérmenes en la piel húmeda de la rana.

Los pueblos indígenas que viven en los bosques tropicales de Centroamérica y Sudamérica usan el veneno de las ranas cuando van de cacería. Obtienen el veneno al frotar una punta de flecha en la piel de la rana. Hacen esto con mucho cuidado, asegurándose de tocar la rana sólo con una hoja.

Los cazadores de Centroamérica y Sudamérica usan el veneno de la rana flecha venenosa.

Las ranas flecha venenosa son pequeñas. La más pequeña mide alrededor de $\frac{1}{2}$ pulgada de largo. La más grande puede llegar a medir dos pulgadas. Aunque son pequeñas, su veneno las protege de sus enemigos.

¿Cómo saben sus enemigos que deben alejarse de las ranas flecha venenosa? Los colores brillantes y los diseños vistosos de las ranas son una advertencia. Si un enemigo intenta comerse una rana flecha venenosa, tal vez se enferme. Si sobrevive, es probable que no lo vuelva a intentar. Ya aprendió la lección. En el futuro, cuando vea los colores de la rana, se alejará.

5 ¡RESUÉLVELO!

¿Cuál es la diferencia en pulgadas entre la rana flecha venenosa más pequeña y la más grande?

Dos ranas flecha venenosa descansan sobre una hoja en un bosque húmedo tropical de Costa Rica.

← Esta rana azul es atractiva, pero también peligrosa.

13

Aves admirables

Hasta el ave más pequeña tiene más de 1,000 plumas. Existen tres tipos principales de plumas.

Todas las aves tienen plumas de cobertura, o plumones. Los plumones son suaves y esponjosos y mantienen calientes a las aves.

Las plumas de contorno se encuentran en las aves que vuelan o nadan. Dan a las aves una forma lisa para deslizarse fácilmente en el aire o en el agua.

Las plumas de vuelo se encuentran en las alas y la cola de las aves que vuelan. Proporcionan fuerza e impulso en el vuelo.

Las aves son vertebrados de sangre caliente. Esto significa que su temperatura corporal se mantiene igual, incluso si el ambiente se calienta o se enfría. Todas las aves ponen huevos. Todas las aves tienen picos, garras y alas. Todas las aves tienen plumas. ¡Pero no todas las aves pueden volar! El avestruz es un ave que no puede volar.

La que vuela más alto: El buitre moteado

El buitre moteado puede poseer el récord de la que vuela más alto. Una de estas aves en una ocasión se estrelló con un avión que volaba a una altitud de 36,988 pies. Al igual que los planeadores humanos, los buitres alcanzan grandes alturas al flotar en las corrientes de aire caliente que suben desde la Tierra.

El buitre moteado es el ave que vuela a mayor altura.

La más rápida:
El halcón peregrino

Desde lo alto del cielo, un halcón peregrino puede localizar a su **presa** 1,000 pies abajo. Dobla las alas hacia atrás y se lanza en picada a una velocidad de más de 180 millas por hora. Eso es más o menos la extensión de un campo de fútbol americano en un solo segundo. Atrapa a su presa, con frecuencia una paloma, en el aire.

En su hábitat natural, los halcones peregrinos viven en acantilados. Sin embargo, se han adaptado a la vida en las ciudades, anidando en las cornisas de edificios y puentes altos. Los expertos estiman que aproximadamente 150 parejas de halcones peregrinos viven en ciudades en los Estados Unidos.

6-7 ¡RESUÉLVELO!

6 ¿Qué tan alto vuela el buitre moteado en millas? PISTA: Una milla equivale a 5,280 pies.

7 ¿A cuántos pies por segundo cae un halcón peregrino cuando se lanza en picada?

Este halcón peregrino vuela en círculos sobre su nido en el piso 39 de un rascacielos de Los Ángeles.

La migración más larga: (8) ¡RESUÉLVELO!
El charrán ártico

Muchas especies de aves viven en una parte del mundo durante los meses templados y luego se trasladan a otro sitio cuando llega la temporada de frío. Cuando llega la temporada de calor otra vez, las aves regresan. Esto se llama **migración**.

El campeón de la migración es el charrán ártico. Viaja 22,000 millas de ida y vuelta cada año. Su travesía lo lleva de Groenlandia al Polo Sur y de regreso.

¡RESUÉLVELO!

El charrán ártico no es la única ave que viaja largas distancias. El diminuto colibrí rufo puede migrar una distancia total de 5,000 millas por año, de Alaska a Centroamérica y de regreso. ¿Qué distancia viaja el charrán ártico más que el colibrí rufo cada año?

Durante el verano, el charrán ártico cría a sus polluelos en Groenlandia. Después, viaja al Polo Sur, donde el verano apenas está comenzando. Cuando termina el verano, regresa al norte.

✔¡REVÍSALO!

Lee más

Usa materiales de consulta para identificar el patrón de migración de un ave que vive en tu zona geográfica.

La mayor envergadura
El albatros viajero

El albatros viajero tiene una envergadura de $11\frac{1}{2}$ pies. Sus alas sólo miden entre 6 y 9 pulgadas de ancho. Esta forma larga y angosta es sumamente ideal para ciertos tipos de vuelo.

El albatros viajero no es muy bueno para aterrizar ni para despegar. Muchas de sus zonas de anidación incluyen una ladera desde la cual puede despegar corriendo cuesta abajo en dirección del viento. Sin embargo, una vez que está en el aire es un espectáculo que hay que ver. Desciende y planea en las corrientes de aire sobre el océano.

Un albatros viajero puede mantenerse en el aire por meses sin tocar tierra seca. Incluso puede dormir en el aire al bloquear las alas y flotar sobre las brisas marinas.

9 **¡RESUÉLVELO!**

Aproximadamente, ¿cuántas veces mayor es la envergadura del albatros viajero que el ancho de sus alas? PISTA: Recuerda convertir los pies a pulgadas.

Los huevos más pequeños:
El colibrí zumbadorcito

Los colibríes son las aves más pequeñas del mundo. Construyen los nidos más pequeños y ponen los huevos más pequeños. Los huevos del colibrí zumbadorcito son los más pequeños de todos. Cada uno es aproximadamente del tamaño de un chícharo, menos de $\frac{1}{4}$ de pulgada de largo.

Es emocionante observar a los colibríes. Pueden batir las alas 75 veces en un segundo.

¡INTÉNTALO!

Lo que necesitas
clavo

botella de plástico pequeña con tapa

sorbete de plástico

agua

pegamento

plástico o cartón rojo

tijeras

cuerda, alambre o cordón

azúcar

cacerola

Haz tu propio comedero para atraer colibríes hambrientos

Lo que haces

1. Pide a un adulto que con el clavo haga un agujero en la tapa de la botella.

2. Mete el sorbete por el agujero. Llena la botel con agua, ponle la tapa y pon la botella de cabeza. Ajusta el popote para que se llene sin gotear.

3. Vacía la botella y sécala. Pega el sorbete en su lugar.

4. Recorta un círculo del plástico o cartón rojo, hazle un agujero en el centro y deslízalo por sorbete. El color rojo atrae a los colibríes.

5. Usa la cuerda, el alambre o el cordón para amarrar la botella a un árbol o al barandal de un porche. Recuerda mantener la botella al revés.

6. Prepara tu propio néctar mezclando 1 parte de azúcar con 4 partes de agua en la cacerola.

7. Pide a un adulto que te ayude a calentar la mezcla hasta que hierva por 1 ó 2 minutos. Deja que se enfríe la mezcla. Después llena el comedero.

8. Cambia la mezcla del comedero cada tres días. Lava el comedero con agua tibia una vez por semana.

Los huevos más grandes: El avestruz

Los avestruces poseen muchos récords. Son las aves más altas, las más pesadas y los animales más rápidos en dos patas. Los avestruces no pueden volar, pero pueden correr a más de 30 millas por hora. El avestruz africano macho puede llegar a medir 9 pies de alto y pesar más de 300 libras.

10–11 ¡RESUÉLVELO!

10 ¿Cuántas veces bate las alas un colibrí en un minuto? ¿En una hora?

11 ¿Cuántas veces más largo es un huevo de avestruz que un huevo de colibrí?

No es de sorprenderse que los avestruces también ponen los huevos más grandes. Cada huevo mide cerca de 7 pulgadas de largo y $4\frac{1}{2}$ pulgadas de ancho. Pesa más de 3 libras. Es lo suficientemente grande como para preparar un omelette para 15 personas. Un huevo de avestruz es tan duro que una persona puede pararse en él sin romperlo.

Reptiles excepcionales

Los reptiles son vertebrados de sangre fría que respiran por medio de pulmones toda su vida. Su cuerpo está cubierto de escamas, las cuales evitan que pierdan mucha agua cuando el tiempo es seco. La mayoría de los reptiles vive en las zonas cálidas del mundo. Los reptiles incluyen a las tortugas, las serpientes, los lagartos y los cocodrilos.

El más grande: El cocodrilo de estuario

El cocodrilo de **estuario,** o de agua salada, es el reptil más grande del mundo. Puede alcanzar una longitud de 20 pies y pesar hasta 2,300 libras.

El cocodrilo de estuario vive en pantanos y ríos de Sri Lanka, Pakistán, India, Nueva Guinea y Australia. Se alimenta de ranas, culebras de collar y mamíferos pequeños. Puede nadar por millas.

El cocodrilo de sangre fría permanece cómodo incluso en los días más calurosos. Toma el sol durante la mañana, luego se mete al agua cuando hace más calor en el día. Más tarde regresa a la orilla. Después, se mete otra vez al agua durante la noche.

La salamanquita pigmea de las Islas Vírgenes Británicas es una celebridad. Dos estampillas postales la conmemoran como el lagarto más pequeño del mundo.

El más pequeño:
La salamanquita pigmea y el geco terrestre de Jaragua

Dos especies de lagartos reclaman el título del reptil más pequeño. Uno es la salamanquita pigmea de las Islas Vírgenes Británicas. El otro es el geco terrestre de Jaragua, que se encuentra en una isla de la República Dominicana. El geco terrestre de Jaragua mide ligeramente más de $\frac{1}{2}$ pulgada desde el hocico hasta la base de la cola. Es tan diminuto que puede enrollarse sin ningún problema en una moneda de diez centavos.

Los gecos terrestres de Jaragua se alimentan de hormigas, arañas y ácaros. Sin embargo, ellos a menudo son el alimento de tarántulas, serpientes y ciempiés.

12 ¡RESUÉLVELO!

¿Cuántos gecos terrestres de Jaragua se necesitarían para igualar la longitud de un cocodrilo de estuario?

El que vive más: La tortuga gigante de Galápagos

Las islas Galápagos se localizan en el Océano Pacífico, a 600 millas de la costa de Ecuador. Son el hogar de la tortuga gigante, que se considera el animal que vive más tiempo del mundo. Los científicos estiman que la tortuga gigante vive entre 100 y 200 años. De hecho, una tortuga gigante no es adulta hasta los 40 años.

13 ¡RESUÉLVELO!

En 2007, una tortuga gigante de las Galápagos llamada Harriet murió en un zoológico en Australia a la edad de 176 años. Se cree que era la tortuga gigante más vieja, y quizá la criatura viva de más edad. ¿Cuántas veces más larga era la vida de Harriet que la edad de una persona que llega a tener 80 años?

Las tortugas gigantes de Galápagos pueden llegar a medir $4^{1}/_{2}$ pies de largo y pesar más de 500 libras.

Las pitones tienen dientes que apuntan hacia atrás con los que pueden sujetar a su presa. Sus mandíbulas se separan de tal forma que pueden tragar animales grandes enteros.

El más largo:
La pitón reticulada

Las pitones son **carnívoras**, esto es que se alimentan de carne. Pertenecen a un grupo de serpientes llamado **constrictoras**. Las constrictoras matan a su presa enroscándose alrededor de ésta apretándola hasta que se asfixie. Las pitones se alimentan de aves, cerdos salvajes, ciervos y otros mamíferos pequeños.

La pitón reticulada es el reptil más largo. Puede llegar a medir 33 pies. Vive en el sureste de Asia y en Indonesia.

¡ES UN HECHO!

- De cerca de 2,500 especies de serpientes en el mundo, sólo unas 400 especies son venenosas. Esto significa que pueden producir veneno que inyectan en sus víctimas.

- Los dientes de serpiente más largos miden 2 pulgadas de largo.

- La serpiente venenosa más larga es la cobra real de 18 pies.

- La víbora carenada que vive en África y Asia ha matado a más humanos que cualquier otra clase de serpiente. Tan sólo mide 20 pulgadas de largo.

Mamíferos maravilloso

Existen más de 4,000 especies de mamíferos. Van desde un diminuto ratón hasta una enorme ballena. Viven en casi todas las partes del mundo. Los mamíferos alimentan a sus crías con leche que produce el cuerpo de la madre. Todos son de sangre caliente. La mayoría está cubierta de pelo. Al igual que los reptiles y las aves, los mamíferos usan pulmones para respirar aire.

El más grande: La ballena azul

La ballena azul es el animal más grande que haya existido. Puede llegar a medir 100 pies de largo y pesar 150 toneladas. ¡Eso es más que el peso de 25 elefantes!

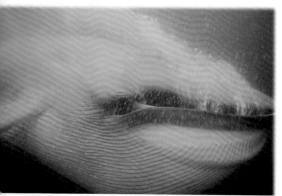

Las ballenas azules se alimentan en las aguas cerca de los polos Norte o Sur durante el verano. Cuando llega la temporada de frío, migran a aguas más cálidas cerca del ecuador.

¡ES UN HECHO!

- El corazón de una ballena azul adulta es casi tan grande como un carro pequeño.

- Cincuenta personas podrían caber en la lengua de una ballena azul.

- Cuando una ballena azul exhala, el aire sale expulsado a casi 300 millas por hora. El chorro alcanza los 20 pies en el aire.

La ballena toma enormes tragos de agua llena de **krill**. Estas diminutas criaturas con forma de camarón flotan cerca de la superficie del agua. Una ballena azul come casi tres toneladas de krill al día.

El más pequeño:
El murciélago de nariz de cerdo de Kitti

Los murciélagos de nariz de cerdo de Kitti son los mamíferos más pequeños del mundo. Son aproximadamente del tamaño de un abejorro y pesan menos que una moneda de diez centavos. Sus alas estiradas miden $5\frac{1}{2}$ pulgadas, de extremo a extremo. La longitud total de su cuerpo es poco más de una pulgada.

Los murciélagos de nariz de cerdo de Kitti se alimentan de insectos. Pueden comer la mitad de su peso en insectos cada noche. Los murciélagos localizan su presa produciendo sonidos que al rebotar en un insecto regresan en forma de eco. La frecuencia de estos sonidos es muy alta para el oído humano.

14 **¡RESUÉLVELO!**

¿Cuántas veces más larga es una ballena azul que un murciélago de nariz de cerdo de Kitti? PISTA: Considera que cada murciélago mide 1.2 pulgadas de largo.

Puedes ver lo pequeño que es un murciélago al compararlo con la mano de este investigador capacitado.

El más rápido: El guepardo

Los guepardos son los animales terrestres más rápidos. Pueden alcanzar velocidades máximas de cerca de 70 millas por hora. De hecho, pueden alcanzar una velocidad de 45 millas por hora ¡en sólo dos segundos! Sin embargo, los guepardos se cansan rápidamente, después de algunos cientos de yardas.

Los guepardos viven y cazan en las llanuras africanas. A diferencia de los leopardos, cazan durante el día.

15 ¡RESUÉLVELO!

¿Cuánta distancia más recorrerá el guepardo que el perezoso de tres dedos en cinco minutos? PISTA: Considera que el perezoso se mueve a 7 pies por minuto y el guepardo lo hace a 60 millas por hora.

Un guepardo corre por las llanuras de Sudáfrica.

El más lento: El perezoso de tres dedos

Los perezosos son famosos por su falta de velocidad. De hecho, "lento" es un sinónimo de "perezoso". Los perezosos viven en los bosques húmedos tropicales de Centroamérica y en el norte de Sudamérica. Pasan la mayor parte de sus vidas colgados con la cabeza hacia abajo en las ramas de los árboles.

Los perezosos usan sus largas y afiladas garras para deslizarse lentamente de una rama a otra. Se alimentan de hojas y pasan gran parte del día durmiendo. En tierra, los perezosos se mueven tan sólo entre 6 y 8 pies por minuto. Pero pasan muy poco tiempo en tierra; dejan los árboles sólo una vez a la semana más o menos para eliminar los desechos corporales.

En el pelaje del perezoso crecen algas verdes. Esto hace que sea difícil ver al perezoso entre las hojas.

✔ ¡REVÍSALO!

Piénsalo

Vuelve a leer las páginas 26 y 27. Identifica los detalles más importantes.

- El elefante da varios usos a su trompa. Puede usarla para olfatear comida, incluso a una distancia de varias millas. Puede usarla para arrancar plantas del suelo. Puede usarla para recoger algo tan pequeño como una semilla.

- Los elefantes pequeños al principio son torpes con sus trompas. Pero pronto aprenden a darse grandes baños, a usarlas como tubos de respiración cuando cruzan un río y a saludarse entre ellos con la trompa.

La gestación más larga: El elefante

El tiempo que le toma a una crí desarrollarse dentro del cuerpo de su madre hasta que nace se llama **período de gestación.** Los elefantes tienen el período de gestación más largo que cualquier otro animal. Los elefantes hembra por lo general sólo tienen una cría cada vez y su embarazo dura casi 22 meses.

Las mamás elefante atienden a sus crías por mucho tiempo. Otras hembras del grupo también ayudan a cuidar a un elefante pequeño. El elefante pequeño toma la leche de su madre hasta los dos años, y poco a poco aumenta el número de plantas en su dieta. Un elefante adulto come entre 200 y 500 libras de plantas al día.

La gestación más corta: La zarigüeya de Virginia

Los científicos consideran que las zarigüeyas de Virginia tienen el período de gestación más corto: entre 12 días y 2 semanas. Pueden tener más de 50 crías a la vez, aunque el número frecuente es menos de 10 por camada.

Cada cría es tan pequeña como un frijolito y completamente indefensa. Tan pronto como las crías nacen, se arrastran hacia la bolsa de la madre, donde permanecen cerca de dos meses. Luego estarán listas para enfrentarse al mundo por si solas.

16 ¡RESUÉLVELO!

Usa el pictograma para comparar los períodos de gestación.

a. ¿Qué animales tienen períodos de gestación más cortos que los humanos?

b. ¿Qué animales tienen períodos de gestación más largos que los humanos?

c. ¿Cuántas veces más largo es el período de gestación de un elefante que el de una zarigüeya de Virginia?

d. ¿Cuántas veces más largo es el período de gestación de una ballena azul que el de un murciélago?

● = 1 mes

Elefante
●●●●●●●●●●●●
●●●●●●●●●●

Ballena azul
●●●●●●●●●●●

Humano
●●●●●●●●●

Murciélago
●●

Zarigüeya de Virginia
◖

RESPUESTAS PARA ¡RESUÉLVELO!

1 (página 7) 30,000 libras

2 (página 7) 1,440 veces más largo

3 (página 9) 59 millas más

4 (página 11) 150 veces más larga

5 (página 13) 1 $\frac{1}{2}$ pulgadas

6 (página 15) 7 millas

7 (página 15) 15,840 pies por segundo

8 (página 16) 17,000 millas más

9 (página 17) 23 veces más grande

10 (página 19) 4,500 veces en un minuto;
    270,000 veces en una hora

11 (página 19) 28 veces más largo

12 (página 21) 480 gecos terrestres de Jaragua

13 (página 22) alrededor de 2 veces

14 (página 25) 1,000 veces más larga

15 (página 26) 26,365 pies (o cerca de 5 millas) más

16 (página 29) a. el murciélago y la zarigüeya de Virginia;
    b. el elefante y la ballena azul; c. 44 veces más largo;
    d. 6 veces más largo

Glosario

carnívoro	que se alimenta de carne (pág. 23)
constrictora	serpiente que mata a su presa apretándola tan fuerte que ésta no puede respirar (pág. 23)
especie	grupo de organismos que pueden aparearse y tener crías, las cuales también pueden tener crías (pág. 4)
estuario	parte de un río en la que el agua dulce se encuentra con el agua salada del océano (pág. 20)
invertebrado	animal que no tiene columna vertebral (pág. 4)
krill	diminutas criaturas con forma de camarón que flotan cerca de la superficie del agua (pág. 25)
larva	animal en etapa inmadura (pág. 7)
migración	viaje de una región a otra (pág. 16)
período de gestación	tiempo que le toma a una cría desarrollarse dentro del cuerpo de su madre hasta que nace (pág. 28)
presa	animal que se caza como comida (pág. 15)
vertebrado	animal que tiene columna vertebral (pág. 4)

Índice